DE L'OZONE

APERÇU PHYSIOLOGIQUE ET THÉRAPEUTIQUE

PAR

LE Dr DONATIEN LABBÉ
ANCIEN INTERNE DES HOPITAUX DE PARIS
Médaille de bronze de l'Assistance publique
MEMBRE DE LA SOCIÉTÉ MÉDICO-PRATIQUE DE PARIS

PARIS
ASSELIN ET HOUZEAU
LIBRAIRES DE LA FACULTÉ DE MÉDECINE
et de la Société centrale de médecine vétérinaire
PLACE DE L'ÉCOLE-DE-MÉDECINE

1889

DE L'OZONE

APERÇU PHYSIOLOGIQUE ET THÉRAPEUTIQUE

DU MÊME AUTEUR

1° **Albuminurie intermittente chez un enfant atteint de kyste hydatique du foie** (1880).

2° **De la contraction idio-musculaire ou myoïdème en clinique** (1881).

3° **Pleurésie purulente primitive chez une petite fille de deux ans guérie par la pleurotomie antiseptique** (1885).

4° **De l'électricité statique dans la migraine et le rhumatisme musculaire** (1889).

3401-89. — CORBEIL. Imprimerie CRÉTÉ.

DE L'OZONE

APERÇU PHYSIOLOGIQUE ET THÉRAPEUTIQUE

PAR

LE DR DONATIEN LABBÉ

ANCIEN INTERNE DES HOPITAUX DE PARIS
Médaille de bronze de l'Assistance publique
MEMBRE DE LA SOCIÉTÉ MÉDICO-PRATIQUE DE PARIS

PARIS
ASSELIN ET HOUZEAU
LIBRAIRES DE LA FACULTÉ DE MÉDECINE
et de la Société centrale de médecine vétérinaire
PLACE DE L'ÉCOLE-DE-MÉDECINE

1889

DE L'OZONE

PRÉLIMINAIRES

Depuis bientôt deux ans, mon attention a été attirée, presque par hasard, sur l'action spéciale de l'ozone chez des malades profondément débilités par la tuberculose et l'anémie. J'ai pu arriver à me convaincre que l'ozone préparé au moyen d'effluves électriques est bien loin de présenter les dangers et les inconvénients que la plupart des auteurs qui ont écrit sur cette question s'accordent à lui reconnaître. Déjà, il y a plus d'un an, j'ai adressé à l'Académie de médecine et à l'Académie des sciences un pli cacheté dans lequel je protestais contre ces affirmations par trop absolues. Aujourd'hui, grâce aux nombreux documents que j'ai pu recueillir, j'espère pouvoir démontrer que l'ozone, à certaines doses, non seulement n'est pas dangereux, mais peut au contraire trouver de nombreuses et utiles applications thérapeutiques.

NATURE CHIMIQUE DE L'OZONE.

L'ozone a été entrevu pour la première fois par *Van Marum* à la fin du siècle dernier, mais sa véritable découverte n'a réellement été faite qu'en 1840 par *Schoënbein*. Depuis cette époque, de nombreuses publications et de nombreuses controverses ont divisé longtemps les chimistes sur la nature de l'ozone. Cependant on paraît aujourd'hui d'accord pour considérer l'ozone comme un état allotropique de l'oxygène, un système différent dans le groupement de ses atomes, et dont la formule serait : OOO.

L'ozone serait donc de l'oxygène trois fois condensé. C'est un gaz invisible comme l'oxygène, d'une odeur particulière, d'un goût peu déterminé comparé au goût du homard par M. *Houzeau.*

Sa polarité est négative et extrêmement puissante, il est très peu stable, et peu soluble dans l'eau. Dans l'eau bouillante, l'ozone passe bientôt à l'état d'oxygène ordinaire. Il possède un pouvoir oxydant très énergique.

L'atmosphère renferme des quantités infinitésimales d'ozone ; sa présence dans l'atmosphère est révélée au moyen de papiers ozonoscopiques.

La méthode la plus généralement employée est celle des papiers sensibilisés par une solution de iodure de potassium amidonné. Cette proportion d'ozone dans l'air est très variable suivant les saisons, suivant les altitudes. Il paraît aujourd'hui admis que l'ozone est plus abondant dans les hautes altitudes ; c'est peut-être là le secret des effets bienfaisants observés chez les tuberculeux que l'on envoie sur les hauts plateaux de l'*Engadine* et de *Davos*.

L'ozone est beaucoup plus abondant dans la campagne que dans les villes ; il est plus abondant à la surface de la mer que dans l'intérieur des terres. *Scouttetten* a observé que les courants atmosphériques qui viennent de l'équateur sont plus chargés d'ozone que ceux qui viennent des pôles ; et que par conséquent l'ozone doit être plus abondant à l'équateur. Il trouve, en effet, que toutes les fois que le vent tourne du sud au nord en passant par l'ouest avec augmentation de pression barométrique, l'ozone diminue, et devient nul ou presque nul lorsque le vent prend la direction du nord-est ; mais il se manifeste de nouveau lorsque le vent tourne au sud avec diminution de la pression atmosphérique. Ces disparitions et réapparitions de l'ozone sur la mer sont tellement régulières qu'elles semblent constituer une loi atmosphérique invariable.

Enfin, de toutes les données les plus récentes des observations sur l'ozone soit en Italie, soit en Allemagne, en France, ou en Angleterre, il se confirme pleinement que le mois de mai offre le maximum ozonométrique absolu, et le mois de novembre le minimum.

Mais ce serait dépasser le but de ce mémoire que de m'attarder plus longtemps sur ces questions, évidemment très intéressantes à plus d'un titre, mais que l'on pourra retrouver tout au long dans les ouvrages spéciaux.

J'arrive immédiatement à mon sujet qui a pour but de démontrer :

1° l'*Innocuité des inhalations d'ozone préparé au moyen d'effluves électriques.*

2° *Son action physiologique sur le sang.*

3° *Son action thérapeutique.*

Innocuité des inhalations d'Ozone préparé au moyen d'effluves électriques.

Tous les auteurs qui se sont occupés de cette question s'accordent à reconnaître que l'on ne saurait impunément se soumettre pendant longtemps aux émanations d'ozone. La liste serait longue si je mentionnais seulement les travaux de tous les auteurs qui ont écrit sur cette question depuis : *Schoënbein*, *Scouttetten*, *Schwarzenbach*, *Bœckel*, *Cl. Bernard*, *Thénard*, *Houzeau*, etc.

Il semble bien téméraire de s'inscrire en faux contre cet accord unanime d'hommes éminents, justement estimés par leurs laborieuses et consciencieuses études. Aussi n'est-ce pas là ma pensée : L'ozone concentré, préparé par M. *Thénard,* si rigoureusement dosé par M. *Houzeau* est certainement dangereux à respirer quelque soit le mode de préparation. Ce que je prétends, ce que je crois pouvoir démontrer, c'est que l'ozone préparé au moyen d'effluves, soit par les machines statiques, soit par le tube de M. *Houzeau,* peut être administré à des animaux et à l'homme à des doses relativement notables ; doses qui ont été déclarées dangereuses et mortelles par les différents expérimentateurs qui se sont occupés de cette question. Or, ces mêmes doses, je les ai fait respirer à divers animaux, j'en ai respiré ensuite moi-même, j'en ai fait respirer à des malades, non-seulement sans le moindre accident, mais au contraire au plus grand profit de malheureux phtisiques qui, en peu de temps, éprouvaient une amélioration considérable.

A quoi donc attribuer cette différence ou plutôt cette divergence absolue d'appréciation ? Si je passais en revue les expériences de *Schoënbein*, de *Schwarzenbach*, de *Bœckel*, de *Scouttetten*, on s'apercevrait bientôt que les faits qu'ils ont observés étaient évidemment bien observés, mais on verrait également que leur interprétation était fausse; ils attribuaient à l'ozone ce qui devait être attribué à la préparation de l'ozone, et aux conditions dans lesquelles ils le faisaient inhaler. En effet, ils obtenaient l'ozone au moyen de phosphore, et faisaient ainsi respirer aux animaux soumis à l'expérience des composés phosphorés, certainement plus nuisibles que l'agent auquel ils croyaient soumettre leurs sujets; de plus, ces mêmes animaux étaient renfermés sous des cloches où l'acide carbonique venait s'ajouter, et contribuer dans une large mesure au résultat fatal et rapidement mortel signalé dans les conclusions de ces différents observateurs.

M. *Desplats*, dans sa thèse passée en 1850, s'est servi dans ses expériences de l'ozone préparé au moyen d'étincelles électriques. Les résultats ont été déjà bien différents, puisqu'il a pu soumettre sans accident pendant dix heures des animaux à l'action de l'ozone. Et, étrange conclusion, il ajoute en terminant: « Probablement qu'en prolongeant l'action pendant vingt-quatre ou trente-six heures, j'aurais fini par déterminer la mort de l'animal. » Quand même, ce qui n'a pas été démontré, les animaux en expériences auraient succombé, on ne pourrait encore attribuer rigoureusement à l'ozone le résultat obtenu.

En effet, l'ozone produit par étincelles n'est pas absolument pur, et renferme toujours dans ce cas des composés nitreux nuisibles, pouvant très bien expliquer les désordres signalés à l'autopsie par M. *Desplats*.

Telles sont les raisons qui, suivant moi, suffisent à expliquer le désaccord complet entre mes conclusions et celles des auteurs dont je viens de signaler les expériences.

C'est comme agent thérapeutique que j'ai employé l'ozone, c'est donc à doses thérapeutiques que j'en préconise l'emploi, et en affirme l'innocuité.

Au début de mes recherches, dans mes expériences sur les animaux, je ne me suis guère préoccupé d'un dosage rigoureux. Comme la plupart des expérimentateurs, j'en déterminais approximativement la quantité au moyen de papier ozonométrique. Plus tard seulement j'ai tenu à savoir la dose que je pouvais faire respirer aux malades; mais auparavant, quelques mots d'explication sur le moyen d'obtenir l'ozone sont ici nécessaires.

MODES DE PRODUCTION DE L'OZONE.

On admet généralement deux modes de production de l'ozone.

L'ozone est obtenu *naturellement* ou *artificiellement.*

1° La production naturelle de l'ozone s'observe :

A. Par l'électrisation de l'air ou de l'eau des nuages;

B. Par l'influence de la lumière;

C. Par la décomposition de l'acide carbonique dans les végétaux.

On rencontre encore quelques substances organiques qui absorbent l'oxygène de l'air, et le restituent sous forme d'ozone.

La production artificielle de l'ozone est celle qui nous intéresse seulement ici.

Parmi les manières de produire l'ozone artificiellement, il s'en présente un grand nombre que je ne fais que simplement signaler, ce sont : les moyens chimiques d'obtenir l'ozone par le phosphore, le bioxyde de barium, le bioxyde de manganèse, le permanganate de potasse, le chlorure de chaux, etc.

La méthode sur laquelle je désire particulièrement insister

est celle qui a servi dans mes expériences et mes recherches sur les animaux et sur l'homme.

Au début de mes recherches, je produisais l'ozone au moyen d'effluves électriques obtenues par une machine statique. Par analogie avec ce qu'on observe dans les décharges électriques de l'atmosphère, en temps d'orage, si l'on fait tourner pendant quelques instants le disque d'une machine statique dans un air confiné on a une production d'ozone plus ou moins abondante selon la grandeur de la machine, le volume d'atmosphère sur laquelle on opère, et le nombre d'étincelles obtenues. Au bout de quelques minutes, il se répand dans la pièce où fonctionne la machine une odeur accentuée d'ozone dont on peut, au moyen du papier ozonométrique, évaluer la quantité approximative ainsi que je l'ai fait, de la manière suivante : un papier ozonométrique a été soumis pendant 10 minutes au bain électro-statique. La réaction obtenue a atteint le n° X de la gamme ozonométrique. Un autre papier d'épreuve soumis pendant le même temps au souffle électrique a atteint le n° XIV. Un troisième, soumis à l'influence des aigrettes et des étincelles produites par un excitateur à pointes, est arrivé au n° XIX ; un quatrième enfin, placé pendant 10 minutes également sous l'influence d'un excitateur à boule produisant de fortes étincelles, est arrivé au n° XX.

Ce dégagement d'ozone par les appareils statiques a, pour moi, une importance considérable et peut expliquer certains effets encore obscurs, souvent étonnants, obtenus dans diverses maladies traitées par l'électricité statique. *Binz* (1) considère en effet l'ozone comme suspendant l'activité des cellules cérébrales en qualité de corps à l'état naissant. Il conseille son emploi dans l'asthme. C'est l'ozone, dit-il, qui est probablement l'agent curatif d'un certain nombre de stations d'hiver. L'action singulièrement bienfaisante observée sur les personnes nerveuses, asthmatiques, doit être attribuée à ce gaz qui produit déjà expérimentalement un bon

(1) *Berl. Klin. Woch.*, n° 43, 1882.

sommeil, l'amélioration de la respiration, une humeur gaie.

Pour faire respirer aux malades l'ozone produit par la machine statique, je les plaçais sur un tabouret isolant, et, au moyen d'un excitateur à boule recouverte de drap (pour éviter les étincelles) je produisais des effluves au devant de leurs voies respiratoires.

L'ozone ainsi obtenu était relativement peu abondant, aussi ai-je bientôt renoncé à cette méthode compliquée pour me servir du procédé de M. *Houzeau.*

PRÉPARATION DE L'OZONE, D'APRÈS LE PROCÉDÉ DE M. HOUZEAU.

Le phénomène d'électrisation obscure, c'est-à-dire la production d'effluves électriques, a été heureusement réalisé par le tube électriseur de M. *Houzeau,* qui se compose d'un tube en verre à l'intérieur duquel se trouvent deux fils en platine ou en aluminium, enroulés en spirales, et séparés l'un de l'autre par un petit cylindre également en verre.

Chacun de ces deux fils viennent par une de leurs extrémités se terminer à deux petits électrodes qu'on relie par deux fils électriques à une bobine Ruhmkorf, de 30 millimètres d'étincelles. Cette bobine est actionnée par trois éléments Bunsen, ou un accumulateur.

M. *Houzeau* faisait passer dans son tube un courant d'oxygène; dans toutes mes expériences, je me suis servi d'air ordinaire préalablement filtré par une couche de ouate antiseptique boriquée. Le courant soumis ainsi à l'ozonisation est obtenu au moyen d'une trompe à eau soufflante, construite par M. Mathieu. Le débit de l'air est réglé à l'aide d'un manomètre à raison d'un litre environ en quarante secondes. Les choses ainsi disposées, le dosage a été fait par la méthode rigoureuse de M. *Houzeau*, et par un de ses anciens collaborateurs, M. *Rivage.*

Cette méthode consiste à absorber l'ozone par une dissolution d'iodure de potassium neutre, en présence d'un acide sulfurique libre; il se forme de l'oxyde de potassium ou potasse, et l'iode est mis en liberté. On porte à l'ébullition pour expulser l'iode, et, après refroidissement, on détermine par un simple essai alcalimétrique l'acide sulfurique restant. Du poids de la potasse trouvée, on déduit celui de l'ozone.

Sur quatre dosages faits par M. *Rivage,* les résultats ont toujours été à peu près les mêmes. Voici du reste les chiffres obtenus dans ces diverses manipulations.

Ozone contenu dans 1000 centimètres cubes d'air à la température de 15° centigrades :

	Milligrammes.
1er flacon	0,11489
2e flacon	0,11489
3e flacon	0,10111
4e flacon	0,10159.

En résumé, un dixième de milligramme d'ozone par litre d'air était obtenu en quarante secondes. Si maintenant on tient compte du temps pendant lequel le sujet en expérience était soumis à ces émanations, on arrive facilement à apprécier à peu près exactement la quantité d'ozone qui a pu être absorbée, et qui n'est pas moins de deux milligrammes et demi en supposant que l'expérience n'ait pas dépassé 15 minutes. Or, c'est cette dose de deux milligrammes qui a été reconnue dangereuse par les auteurs dont j'ai parlé plus haut. A cela je réponds par les expériences suivantes :

EXPÉRIENCES DÉMONTRANT L'INNOCUITÉ RELATIVE DE L'OZONE.

Le 8 novembre 1887, à cinq heures du soir, j'ai pris un jeune lapin de trois mois, vigoureux, bien portant, que j'ai enfermé dans une boîte en bois de 25 centimètres carrés, et présentant deux petites fenêtres d'un centimètre carré chacune.

La partie supérieure de la boîte était close par une glace sans tain permettant de surveiller l'animal. A l'une des fenêtres arrivait l'embouchure d'un tube à effluves de M. *Houzeau,* à l'autre était adaptée une petite soupape s'ouvrant de dedans en dehors, permettant à l'air contenu dans la caisse de s'échapper au dehors, sans laisser pénétrer l'air non ozonisé de la pièce où avaient lieu les expériences.

L'animal est resté trente minutes dans cette caisse sans manifester aucune agitation, aucun signe pouvant faire penser qu'il éprouvât la moindre gêne. Après l'expérience, il était aussi alerte, aussi vigoureux qu'avant, et s'est mis aussitôt à manger. Deux papiers réactifs de *James*, placés dans l'intérieur de la caisse, ont donné le n° 21 de la gamme ozonométrique, c'est-à-dire le maximum de l'échelle.

Le lendemain 9 novembre 1887, à quatre heures et demie du soir, le même lapin a été soumis à la même épreuve pendant une heure sans plus de résultat que la veille.

L'expérience a été répétée le 20 novembre suivant et prolongée pendant deux heures : même résultat.

Ces tentatives renouvelées sur d'autres animaux, chiens, chats, oiseaux, cobayes sont toujours restées inoffensives pour la santé des animaux soumis à ces épreuves multiples.

En présence de ces résultats négatifs au point de vue de l'action toxique et funeste attribuée à l'ozone, j'ai respiré moi-même à différentes reprises et pendant plus d'une demi-heure les émanations d'ozone produites par les tubes à effluves, je n'en ai jamais ressenti la plus petite gêne, ni le plus léger coryza. Ces inhalations étaient faites à l'air libre, au moyen d'une embouchure en forme de pavillon par où s'échappait l'air ozonisé dans le tube de M. *Houzeau.* La quantité d'ozone était de un dixième de milligramme par litre d'air, ainsi que les diverses expériences de dosage l'ont établi.

Étant donc parfaitement édifié et entièrement rassuré sur tous les méfaits attribués à l'ozone, je n'hésitai pas à soumettre certains malades à l'action de ce nouvel agent dont j'espère démontrer plus loin l'efficacité thérapeutique.

Mes premiers essais furent faits sur des tuberculeux que je soumis tous les jours, un quart d'heure chaque jour, aux émanations d'ozone d'après le procédé et la méthode indiqués plus haut.

Grâce au concours et à l'intelligente collaboration d'un de

mes confrères, le Dr *Hellet* de Clichy, j'ai pu multiplier ces tentatives.

Trente-deux malades, la plupart tuberculeux, ont suivi régulièrement, pendant plusieurs mois, cette nouvelle médication sans éprouver aucun accident. Les seuls phénomènes accusés par quelques-uns de ces malades consistaient chez les uns : en un sentiment de constriction à la gorge avec légère dyspnée durant environ dix minutes à une demi-heure; chez d'autres, c'était un sentiment de vertige et d'étourdissement passager, avec tendance au sommeil; enfin le plus petit nombre éprouvait de légers accès de toux pendant l'inhalation, mais ces malades étaient des tousseurs puisqu'ils étaient phtisiques.

En revanche, tous, à part quelques rares exceptions, ont éprouvé un bien-être général, et, chose importante chez ces malades, tous ont recouvré en peu de temps un appétit, qui chez eux avait disparu depuis longtemps.

Mais je ne veux pas insister davantage en ce moment sur l'action bienfaisante de l'ozone, mon but est seulement de démontrer que ce n'est pas un agent bien dangereux ainsi qu'on l'a cru jusqu'alors, et qu'il peut être administré sans préjudice à des doses relativement notables, comme on peut en juger par les expériences et les faits signalés plus haut.

Action physiologique de l'Ozone sur le sang.

Sur cette question je n'aurai pas de publications antérieures et contradictoires à combattre ; car je ne sache pas que l'on ait jamais cherché à connaître l'influence des inhalations d'ozone sur la proportion d'oxyhémoglobine. Je ne parlerai pas des expériences faites sur le sang extrait des vaisseaux, et soumis à l'influence de l'ozone. Je tiens seulement à dire que cette prétendue action de l'ozone sur les globules qu'il décolorerait et rendrait granuleux et raccornis est également observée sur le sang exposé à un air froid, ainsi que j'en ai fait plusieurs fois l'expérience.

Barlow cependant a fait quelques tentatives dans le but de découvrir l'action de l'ozone sur le sang. De ses recherches il conclut que l'ozone diminue l'absorption de l'oxygène et l'élimination de l'acide carbonique; toutefois, il constate que les lésions obtenues par l'action directe de l'ozone sur le sang épanché hors de l'organisme manquent totalement chez les animaux tués par l'ozone. Je ne veux pas revenir sur la discussion précédente au sujet de l'action funeste de l'ozone ; je ne puis cependant pas laisser passer cette affirmation de *Barlow* sans rappeler que les animaux soumis à ses expériences étaient hermétiquement enfermés dans des caisses où ils succombaient bien plutôt à l'action de l'acide carbonique qu'à l'action de l'ozone ; la coloration noire du sang observée par *Dewar* et *Marc-Kendrick* en 1873 dans les mêmes conditions en est la meilleure preuve.

Si l'action de l'ozone sur l'oxyhémoglobine n'a pas été signalée jusqu'ici, cela tient évidemment aux difficultés que l'on avait à doser l'oxyhémoglobine. Aujourd'hui, grâce à la méthode et au procédé de M. le Dr *Hénocque*, tout praticien peut facilement, et en très peu de temps, arriver à un dosage rigoureux; c'est à cette méthode que j'ai eu recours; de plus, aidé des excellents conseils de M. le Dr *Hénocque*, j'ai pu me familiariser promptement avec son procédé. Qu'il en reçoive ici tous mes remerciements et toute ma reconnaissance.

Je crois utile de rappeler aussi brièvement que possible la méthode d'hémato-spectroscopie de cet auteur.

Cette méthode repose sur un double procédé d'examen de la richesse du sang en oxyhémoglobine. Un premier moyen consiste à faire l'examen de quelques gouttes de sang, avec un *hématoscope.* Cet instrument est composé de deux lames de verre de $0^{m},10$ superposées dont la supérieure est beaucoup moins large ; elles se touchent à une extrémité, tandis qu'à l'autre elles sont séparées par 50 millièmes de millimètre, ce qui détermine un espace prismatique triangulaire, destiné à emmagasiner le sang. Au moyen d'une plaque millimétrique appelée *diaphanomètre* placée derrière l'hématoscope, on pourra lire par transparence les divisions de l'échelle, d'autant plus loin que le sang sera moins coloré, et renfermera par suite moins d'oxyhémoglobine.

Le contrôle de ce premier examen est fourni au moyen de l'*hémato-spectroscope*, lequel en produisant le phénomène caractéristique des deux bandes d'absorption indique, suivant la position occupée par ces bandes sur l'hématoscope, quelle est la quantité d'oxyhémoglobine contenue dans le sang.

Tel est sommairement le procédé d'hémato-spectroscopie dont je me suis servi pour toutes les observations que je vais rapporter ici.

SPECTRE DE L'OXYHÉMOGLOBINE.

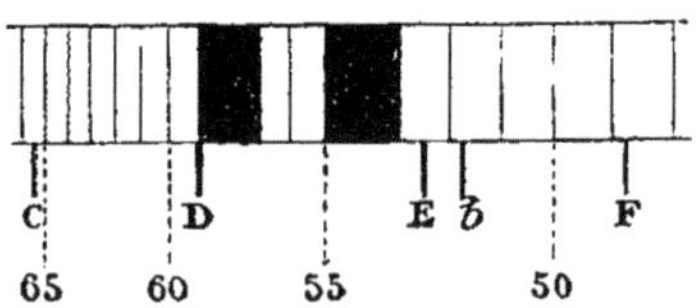

Phénomène des deux bandes d'absorption de l'oxyhémoglobine égales en obscurité et en longueurs d'ondes (1).

Mes premières expériences ont été faites sur des sujets bien

(1) Hénocque, *Hémato-spectroscopie.*

portants, mais dont la proportion en oxyhémoglobine était cependant un peu au-dessous de la moyenne.

Voici ces expériences :

Expérience I.

Le 26 novembre 1887 j'examine le sang de madame X..., âgée de 23 ans, et constate 10 p. 100 d'oxyhémoglobine au spectroscope.

Je soumets pendant 10 minutes madame X... aux inhalations d'ozone obtenu au moyen des effluves d'un appareil statique.

Immédiatement après, je renouvelle l'examen spectroscopique, et je constate une augmentation notable d'oxyhémoglobine, 11 1/2 p. 100.

Expérience II.

Le même jour, je fais faire l'examen de mon sang par le Dr *Hénocque* qui constate 11 1/2 p. 100.

Je respire pendant 7 minutes les effluves du même appareil statique.

L'examen *hémato-spectroscopique* fait immédiatement après me permet de constater une augmentation plus grande encore que dans la première expérience, soit : 13 1/2 p. 100.

Je renouvelle cet examen le lendemain et retrouve 12 p. 100.

Expérience III.

Le sang de madame X..., examiné le 26, dosait 10 p. 100 d'oxyhémoglobine avant la première séance d'inhalation et 11 1/2 immédiatement après.

Aujourd'hui 28 novembre 1887, l'examen est fait de nouveau ; le chiffre de 11 1/2 p. 100 persiste.

Séance d'inhalation pendant 10 minutes (par le même procédé).

Examen fait immédiatement après : 12 p. 100.

28 novembre 1887.

Expérience IV.

Examen du sang de mademoiselle M..., 22 ans : 9 1/2 p. 100.
Séance de 10 minutes d'inhalation,
Examen immédiatement après : 10 1/2 p. 100.

En présence de ces résultats extraordinaires qui, je l'avoue, m'avaient profondément étonné, je priai, craignant de m'être trompé, le Dr *Hénocque* de bien vouloir venir en contrôler l'exactitude.

Le 5 décembre 1887, le Dr *Hénocque* se rendant à ma demande examina lui-même son propre sang au *spectroscope* et constata : 11 p. 100.

Après avoir respiré pendant 10 minutes les effluves de l'appareil il constata 11 1/2 p. 100.

Une seconde expérience faite sur mademoiselle M... dans les mêmes conditions permit de constater une augmentation de 1 p. 100 après 10 minutes d'inhalation.

Convaincu de l'exactitude de mes observations, je poursuivis mes recherches et mes expériences ; seulement, au lieu de me servir d'une machine statique, je préparai l'ozone au moyen du tube de M. *Houzeau*.

Expérience V.

Madame X..., 23 ans 1/2.
Examen du sang avant l'expérience : 11 p. 100 (spectroscope).
Inhalation d'ozone pendant 10 minutes.
Examen du sang après l'expérience : 12 p. 100.

Expérience VI.

Monsieur X..., 35 ans.
Examen du sang avant l'expérience : 12 1/2 p. 100 (spectroscope).
Inhalation d'ozone pendant 10 minutes.
Examen du sang après l'expérience : 14 p. 100.

Expérience VII.

Mademoiselle X..., 23 ans.

Examen du sang avant l'expérience : 9 1/2 faible (spectroscope).

Inhalation d'ozone pendant 10 minutes.

Examen du sang après l'expérience : 11 p. 100.

Toutes ces expériences ont été faites sur des sujets bien portants, quoique étant un peu anémiques si on s'en rapporte aux données physiologiques qui fixent à 14 p. 100 la proportion d'oxyhémoglobine. Ce chiffre de 14 p. 100 me semble un peu exagéré, soit dit en passant ; il est rare en effet de trouver cette proportion d'oxyhémoglobine. Parmi les nombreux examens que j'ai pu faire sur des personnes absolument bien portantes, et ne paraissant en aucune façon anémiques, cette évaluation de l'oxyhémoglobine a été bien rarement constatée.

Quoi qu'il en soit, cette action remarquable de l'ozone sur le sang me paraissant bien acquise, j'avais hâte d'en faire l'application aux malades. C'est maintenant le résultat de cette thérapeutique nouvelle que je vais essayer de démontrer.

Action thérapeutique.

Avant d'exposer les effets de cette médication par l'ozone, je tiens à signaler dès maintenant que l'action immédiate sur le sang n'a pu être contrôlée instantanément comme je pouvais le faire sur les sujets soumis aux expériences que je viens de mentionner. Et, dans les quelques rares occasions où j'ai pu le faire, l'augmentation de l'oxyhémoglobine ne m'a pas semblé assez notable pour en affirmer rigoureusement la réalité ; ce n'était qu'au bout de plusieurs séances d'inhalation que cette progression de l'oxyhémoglobine m'a paru bien démontrée.

Dans les anémies très prononcées, entre autres : se chiffrant par 4 1/2 à 5 p. 100 d'oxyhémoglobine l'efficacité, du traitement était beaucoup plus lente à se manifester, et ce n'était qu'après 10 à 15 séances d'inhalation, que l'on pouvait constater une augmentation de 1 à 2 p. 100. D'autre part, chez les deux personnes chez lesquelles j'ai pu constater la proportion physiologique de 14 p. 100, l'ozone n'a modifié en rien cette proportion ; du reste, l'examen du sang, fait sur des lapins et des cobayes, dont l'oxyhémoglobine dosait 14 p. 100, n'accusait aucune augmentation après des séances plus ou moins prolongées d'ozonisation.

J'arrive maintenant à la partie clinique. Presque toutes mes observations ont porté sur des tuberculeux, et le plus grand nombre de ces observations ont été prises à Clichy, chez mon confrère et ami le Dr *Hellet*, dont je tiens à signaler de nouveau ici la collaboration dévouée et bienveillante.

Nous avons pu réunir, le Dr *Hellet* et moi, en une année 32 observations. Sur ces 32 malades, 25 étaient tuberculeux ; sur les 7 autres, 5 étaient anémiques et chlorotiques, 2 étaient atteints d'albuminurie.

Tous ces malades présentaient à l'examen spectroscopique une diminution variable, mais toujours notable, de l'oxyhémoglobine du sang. Fait intéressant, quoique déjà signalé, c'est que les anémiques et les chlorotiques ont toujours présenté une plus grande pauvreté en oxyhémoglobine que les tuberculeux; ces derniers arrivent rarement, à moins que ce ne soit dans la période de cachexie, au-dessous de 7 p. 100; tandis qu'il est fréquent de voir les anémiques avec 5 p. 100, et même 4 p. 100: chez eux l'augmentation sous l'influence de l'ozone a toujours été beaucoup moins rapide.

J'ai résumé sous une forme aussi concise que possible ces 32 observations ; j'ai fait faire des graphiques permettant d'établir la courbe de l'oxyhémoglobine. On peut ainsi, en un rapide examen, constater que chez tous ces malades la proportion d'oxyhémoglobine a subi sous l'influence de l'ozone une notable augmentation. Des malades qui, au début du traitement, chiffraient 7 1/2 à 8 p. 100 d'oxyhémoglobine, arrivaient en 15 jours ou 3 semaines à 10, 11, 12 p. 100 ; certains sont même arrivés à 13 et 14 p. 100, ainsi qu'on peut le voir sur les observations XV, XXV et XXXII. Tous, sans exception, ont éprouvé une amélioration considérable de leur état. L'appétit, qui chez la plupart avait à peu près complètement disparu, est revenu rapidement, et souvent avec des exigences auxquelles ils n'étaient plus habitués. Du reste, des pesées aussi rigoureuses que possible étaient faites au début du traitement, et on peut voir sur le plus grand nombre des observations ci-jointes que l'augmentation des poids concordait sensiblement avec la proportion de l'oxyhémoglobine du sang. La nutrition reprenait donc, grâce au traitement, une activité nouvelle ; et si j'ajoute que la plus grande partie des malades soumis à cette action de l'ozone se trouvaient dans des conditions sociales et hygiéniques souvent déplorables, on arrive à cette conviction profonde que l'ozone est un puissant modificateur du sang et de la nutrition. Sans vouloir entrer ici dans des discussions physiologiques hors du cadre de ce travail, je ne puis m'empêcher de signaler les expériences de *Kühne* et *Scholz* qui démontrent cette propriété de l'oxyhémoglobine de transformer l'oxygène de l'air en ozone. Cette propriété de l'hémoglobine de transformer l'oxygène de l'air en ozone persiste, d'après ces auteurs, même lorsqu'elle a été soumise à l'oxyde de carbone. Si cette théorie physiologique était bien établie on s'expliquerait facilement les faits qui sont signalés ici. D'un autre côté, peut-être pourrait-on trouver dans l'ozone un agent efficace dans l'empoisonnement par l'oxyde de carbone.

Quoi qu'il en soit, en m'en tenant aux faits cliniques observés et publiés ici, je pense que l'on possède dans l'ozone un puissant agent thérapeutique.

Je ne puis ni ne veux analyser ici toutes les observations de nos malades; je tiens seulement aujourd'hui à appeler l'attention sur cette particularité remarquable de l'ozone sur l'oxyhémoglobine dans la chlorose et l'anémie. Si en effet on prend l'observation XI, on voit que cette jeune fille âgée de 14 ans 1/2, pâle, sans appétit, sans force, essoufflée au moindre effort, atteinte de bourdonnements d'oreille et d'étourdissements, tout le cortège habituel d'une anémie prononcée puisqu'elle chiffre seulement 4 p. 100 d'oxyhémoglobine, voit en peu de temps, en 15 jours, son appétit et ses forces revenir, les palpitations et les étourdissements disparaître; l'oxyhémoglobine arriver à 7 p. 100, puis à 10 p. 100; et, au bout de trois mois, reprendre une mine de santé parfaite et augmenter de 2^{k},800. L'observation XIII est aussi démonstrative.

Mademoiselle D..., 26 ans, également sans appétit, battements de cœur, essoufflement rapide malgré le traitement ferrugineux qu'elle suit depuis plusieurs mois sans résultat, voit en quelques jours son appétit et ses forces revenir, ses battements de cœur disparaître et l'oxyhémoglobine qui était à 9 1/2 p. 100 au début du traitement arriver à 10, puis à 12 p. 100, malgré une très grande irrégularité dans les inhalations. L'observation XXIII sans être aussi concluante permet de constater que l'amélioration obtenue était bien due à l'ozone, puisqu'au bout d'un certain temps de suppression de traitement, malgré les douches et un séjour à la campagne, mademoiselle G... revenait moins bien portante, état qui se traduisait au spectroscope par 5 p. 100, alors qu'à la fin du traitement on comptait 8 p. 100.

Je n'ai analysé ici que les observations de chlorose et d'anémie, ne voulant en ce moment que bien établir l'action remarquable de l'ozone sur le sang ; je n'ai pris chez les tuberculeux soumis au même traitement que le relevé des observations spectroscopiques, en indiquant toutefois par le chiffre des pesées l'amélioration survenue dans l'état général. Dans une prochaine publication je me propose de démontrer l'action spéciale que l'ozone semble avoir sur l'état local du poumon dans la tuberculose.

Voici maintenant les 32 observations à l'appui des faits que j'ai avancés plus haut, et qui, je l'espère, montreront mathématiquement, par des chiffres, l'efficacité réelle de l'ozone et son action sur le sang.

L'examen spectroscopique a toujours été fait par moi, avec le même instrument, à l'éclairage solaire, à la même orientation, et au même moment de la journée.

Le sang était recueilli au moyen d'une piqûre faite à l'extrémité de la pulpe du petit doigt de la main de chaque malade pour tous les examens.

En récapitulant toutes les observations ci-jointes au point de vue de l'augmentation de l'oxyhémoglobine je trouve les chiffres suivants :

4	malades ont gagné	1 p. 100	et étaient partis de	7 1/2, de 8 et 10 p. 100
4	—	1 1/2 p. 100	—	8 et 10 p. 100
7	—	2 p. 100	—	5, 7, 8, 9 et 11 p. 100
10	—	3 p. 100	—	5, 7 1/2, 8, 9 et 10 p. 100
5	—	4 p. 100	—	8 1/2 et 9 p. 100
2	—	6 p. 100	—	4 et 7 p. 100

Sur tous ces malades, 24 seulement ont pu être pesés au début du traitement ; 17 ont augmenté dans des proportions variables :

4	ont augmenté de	500 gr.
5	—	1^k,500 gr.
1	—	1^k,800 gr.
2	—	2^k,500 gr.
1	—	3^k,300 gr.
2	—	4^k.
1	—	7^k.
1	—	8^k,500 gr.

Cinq sont restés stationnaires, et deux ont diminué de 500 gr. environ. Les six autres n'ont pu être pesés.

Je crois inutile d'insister davantage sur ces chiffres, ils portent leur enseignement avec eux, et justifient d'autant mieux, il me semble, l'heureuse influence de l'ozone sur le sang et l'état général que les sujets sur lesquels reposent ces observations étaient pour la plupart tuberculeux (25 sur 32).

J'aurais bien voulu compléter cette étude en mesurant, d'après le procédé de M. le Dr *Hénocque*, l'activité de réduction et la durée des échanges. Une analyse comparative des urines, au point de vue de la nutrition, eût été également intéressante; mais le temps et les circonstances m'ont empêché de réaliser ce projet.

Ici se termine la première partie de ma tâche dans laquelle je crois avoir suffisamment bien établi l'action de l'ozone sur l'oxyhémoglobine.

Ces résultats ouvrent, à mon sens, une nouvelle voie à la thérapeutique qui pourra trouver dans cet agent des applications nombreuses et variées, dans un grand nombre d'affections. Et si, comme je l'espère pouvoir démontrer, l'ozone possède une action germicide et anti-microbienne supérieure à tous les antiseptiques connus jusqu'ici, on peut juger de l'importance immense qu'il sera appelé à jouer en tout ce qui concerne l'hygiène et la médecine en général.

Un dernier mot encore qui peut avoir une certaine importance en médecine légale.

On donne aujourd'hui, comme caractéristique de l'hémoglobine oxycarbonée, le déplacement sur la raie D du spectre des deux bandes d'absorption laissant voir un peu de jaune. Or, ce déplacement à droite des bandes d'absorption, je l'ai souvent observé à la suite des inhalations d'ozone. Il ne serait donc pas caractéristique de l'empoisonnement par l'oxyde de carbone, ainsi qu'on le prétend.

OBSERVATIONS CLINIQUES

Observation I.

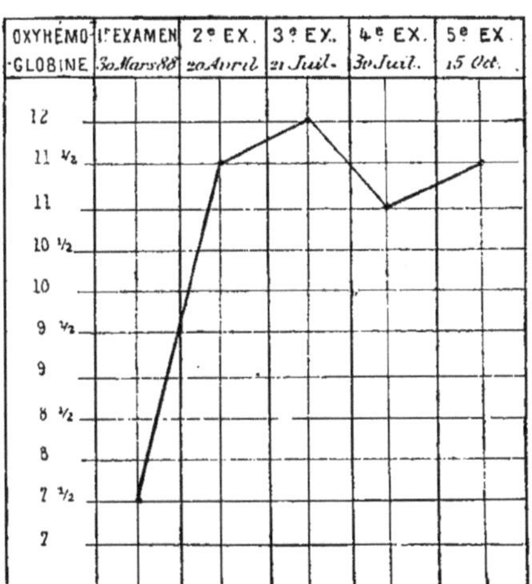

M. S..., 41 ans. . . . . *tuberculeux alcoolique.*

Début du traitement 30 mars 1888.

1er	Examen 30 mars	88 =	7 1/2 p. 100	57^{k}.
2e	Ex....... 20 avril	88 =	11 1/2 p. 100	
3e	Ex....... 21 juillet	88 =	12 p. 100	58^{k},500
4e	Ex....... 30 juillet	88 =	11 p. 100	
5e	Ex....... 15 octobre	88 =	11 1/2 p. 100	

Observation II.

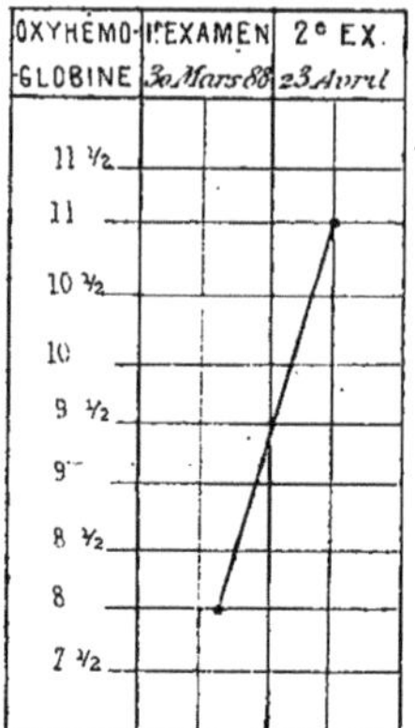

Madame P..., 30 ans. . . . . *tuberculeuse.*

Début du traitement 30 mars 1888.

1er Examen	30 mars	88 = 8 p. 100	52k,500
2e Ex.......	23 avril	88 = 11 p. 100	53k.

Observation III.

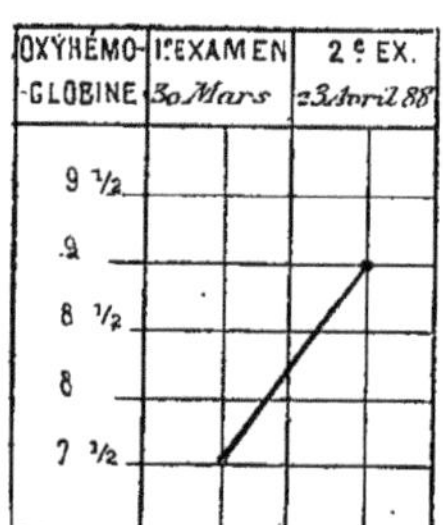

M. L..., 56 ans. . . . . *tuberculeux alcoolique.*

Début du traitement 30 mars 1888.

1er Examen	30 mars	88 = 7 1/2 p. 100
2e Ex.......	23 avril	88 = 9 p. 100

Observation IV.

M. G..., 37 ans. . . . . *tuberculeux alcoolique.*

Début du traitement 27 février 1888.

1er Examen 27 février 88 = 7 p. 100 faible 65k,700
2e Ex....... 14 mars 88 = 10 p. 100
3e Ex....... 30 mars 88 = 9 1/2 p. 100 67k,500
4e Ex....... 23 avril 88 = 9 p. 100

Observation V.

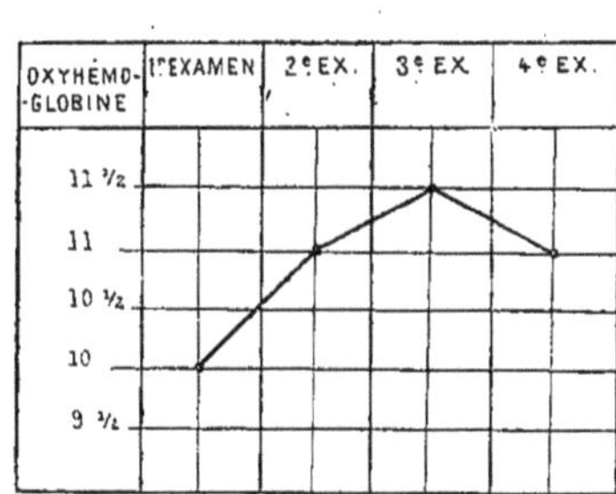

M. S..., 46 ans . . . . *albuminurique.*

Début du traitement 19 novembre 1888.

1er Examen 19 novembre 88 = 10 p. 100
2e Ex....... 18 décembre 88 = 11 p. 100
3e Ex....... 16 janvier 89 = 12 1/2 p. 100
4e Ex....... 18 février 89 = 11 p. 100

Observation VI.

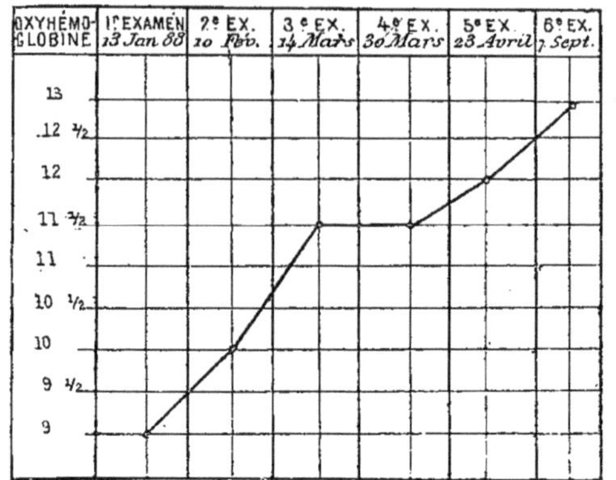

Madame M..., 38 ans . . . . *tuberculeuse.*

Début du traitement 13 janvier 1888.

1er Examen	13 janvier	88 =	9 p. 100	67k.
2e Ex.......	10 février	88 =	10 p. 100	
3e Ex.......	14 mars	88 =	11 1/2 p. 100	
4e Ex.......	30 mars	88 =	11 1/2 p. 100	
5e Ex.......	23 avril	88 =	12 p. 100	
6e Ex.......	7 septembre	88 =	13 p. 100	67k,500

Observation VII.

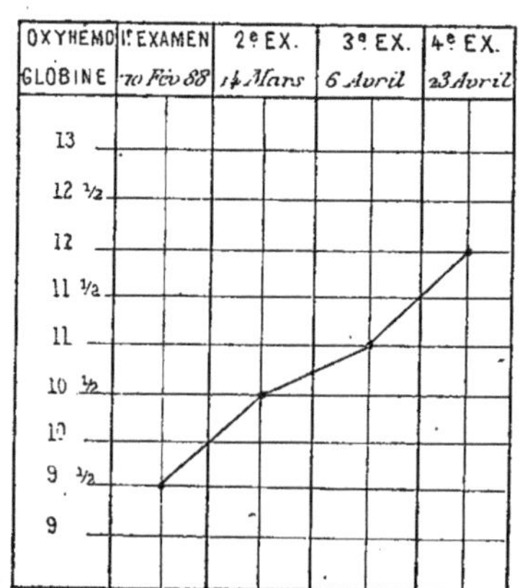

M. Leuth..., 40 ans. . . . . *tuberculeux alcoolique.*

Début du traitement 10 février 1888.

1er Examen 10 février 88 = 9 1/2 p. 100 78k.
2e Ex....... 14 mars 88 = 10 1/2 p. 100 79k,500
3e Ex....... 6 avril 88 = 11 p. 100
4e Ex....... 23 avril 88 = 12 p. 100

Observation VIII.

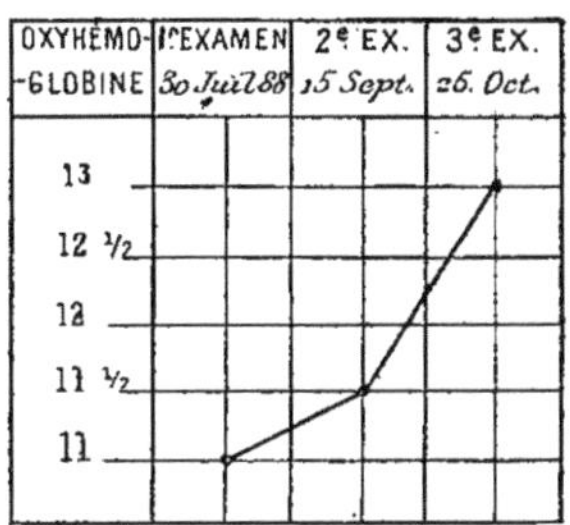

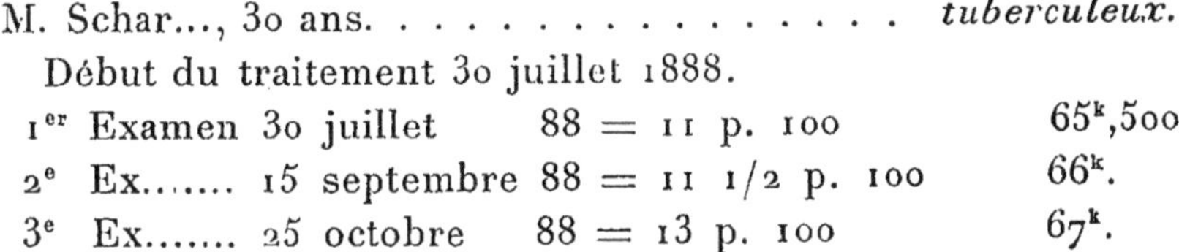
M. Schar..., 30 ans. . . . . *tuberculeux.*
Début du traitement 30 juillet 1888.
1er Examen 30 juillet 88 = 11 p. 100 65k,500
2e Ex....... 15 septembre 88 = 11 1/2 p. 100 66k.
3e Ex....... 25 octobre 88 = 13 p. 100 67k.

Observation IX.

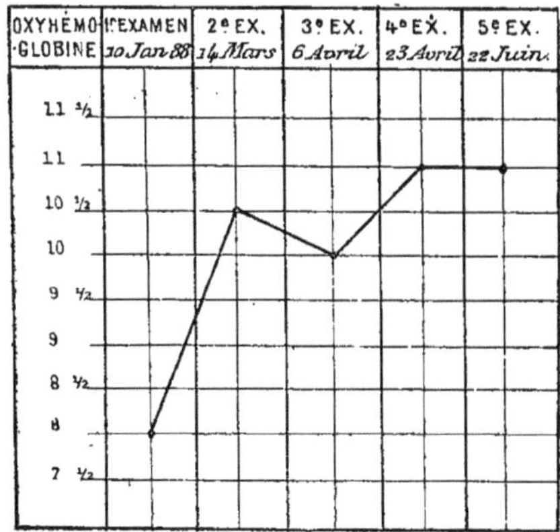

Madame Schum..., 45 ans . . . . *tuberculeuse.*
Début du traitement 10 janvier 1888.

1er Examen	10 janvier	88 = 8 p. 100	59k.
2e Ex.......	14 mars	88 = 10 1/2 p. 100	
3e Ex.......	6 avril	88 = 10 p. 100	
4e Ex.......	23 avril	88 = 11 p. 100	
5e Ex.......	22 juin	88 = 11 p. 100	62k,500

Observation X.

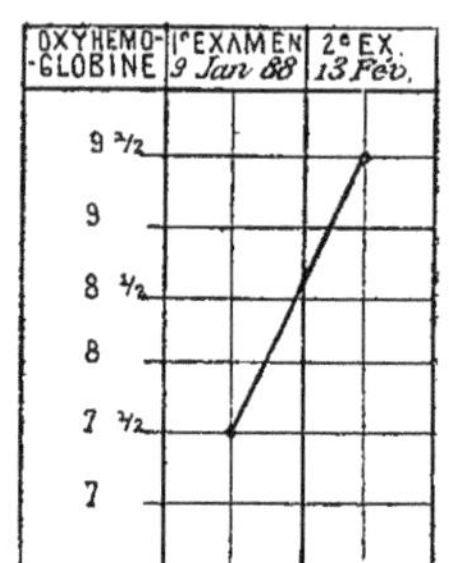

M. Chev..., 45 ans. . . . . *tuberculeux alcoolique.*

Début du traitement 9 janvier 1888.

1er Examen	9 janvier	88 = 7 1/2 p. 100	48k,500
2e Ex.......	13 février	88 = 9 1/2 p. 100	48k,500

Observation XI.

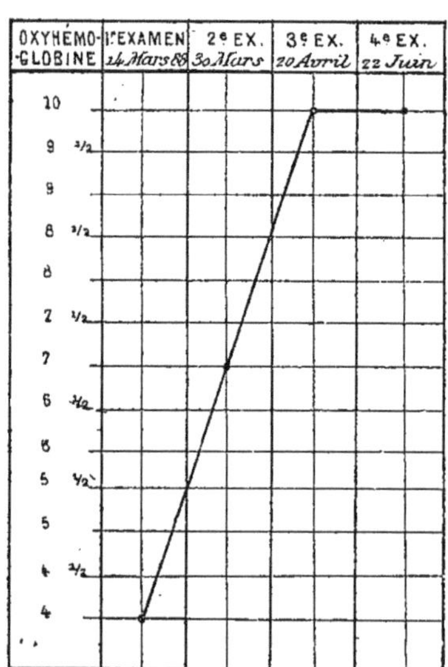

Mademoiselle C..., 14 ans 1/2. . . . . *anémique.*

Début du traitement 14 mars 1888.

1er Examen	14 mars	88 = 4 p. 100	49k,200
2e Ex.......	30 mars	88 = 7 p. 100	
3e Ex.......	20 avril	88 = 10 p. 100	
4e Ex.......	22 juin	88 = 10 p. 100	52k,500

Voici du reste l'observation complète de cette malade :

Depuis un an elle est pâle, a perdu ses forces, son appétit a considérablement diminué. Ouvrière compositrice, elle ne peut plus continuer son travail, essoufflée au moindre effort, atteinte de bourdonnements d'oreilles et d'étourdissements au point de croire qu'elle va tomber. Les règles sont apparues la première fois au mois de septembre, elle n'a vu que trois fois, et pas du tout depuis deux mois ; les règles sont très peu abondantes, le sang est très pâle. La décoloration de la peau est très prononcée.

14 *mars*. Début du traitement consistant en une séance d'inhalation de 10 minutes chaque jour.

Spectroscope = 4 p. 100. — Poids = 49k,200

30 *mars* 88. Cette jeune fille se trouve beaucoup mieux ; les palpitations, l'essoufflement et les étourdissements ont disparu. La malade se sent plus forte ; l'appétit est excellent, elle n'a pas encore revu ses règles.

Spectroscope = 7 p. 100.

16 *avril* 88. Elle se trouve très bien, ses règles sont revenues aujourd'hui.

Spectroscope = 10 p. 100.

22 *juin* 88. Santé parfaite, les couleurs sont complètement revenues, les règles rétablies, le sang très rouge, l'essoufflement a entièrement disparu, les forces sont revenues.

Spectroscope = 10 p. 100. — Poids = 52k,500.

Janvier 1889. L'état de cette jeune fille est resté aussi bon qu'il était lorsqu'elle a cessé le traitement le 22 juin 88.

Observation XII.

OXYHÉMO-GLOBINE	1er EXAMEN 10 Fév. 88	2e EX. 14 Mars
11 1/2		
11		
10 1/2		
10		
9 1/2		

M. Lecs..., 32 ans. . . . . *tuberculeux.*
Début du traitement 10 février 1888.

1er Examen	10 février	88 = 10 p. 100	65k.
2e Ex.......	14 mars	88 = 11 p. 100	65k.

Observation XIII.

OXYHÉMO-GLOBINE	1er EXAMEN 27 Mars	2e EX. 20 Avril	3e EX. 22 Juin
12			
11 1/2			
11			
10 1/2			
10			
9 1/2			
9			

Mademoiselle D..., 26 ans. . . . . *anémique.*
Début du traitement 27 mars 1888.

1er Examen	27 mars	88 = 9 1/2 p. 100	50k.
2e Ex.......	20 avril	88 = 10 p. 100	
3e Ex.......	22 juin	88 = 12 p. 100	50k.

Malade depuis un an environ, mademoiselle D... se sent très faible, a fréquemment des battements de cœur, et est vite essoufflée; l'appétit est à peu près nul, et accompagné d'un profond dégoût pour les aliments. Les règles sont régulières, mais très douloureuses et toujours suivies de pertes blanches abondantes. Depuis plusieurs mois mademoiselle D...

suit un traitement ferrugineux sans grand résultat. Le traitement par l'ozone est commencé le 27 juin 88.

6 *avril* 88. La malade se trouve beaucoup mieux, se sent plus forte, et a recouvré l'appétit.

20 *avril* 88. Les forces reviennent de plus en plus, les règles sont apparues cette fois sans vives douleurs; l'appétit est toujours bon.

22 *juin* 88. Mademoiselle D... se trouve bien, les battements de cœur et l'essoufflement ont disparu.

L'examen du sang déjà signalé plus haut donne 12 p. 100 au spectroscope.

Le traitement cesse à cette date, 22 juin. L'amélioration s'est maintenue sans aucun traitement, et aujourd'hui 28 février 1889, mademoiselle D... se trouve très bien.

Observation XIV.

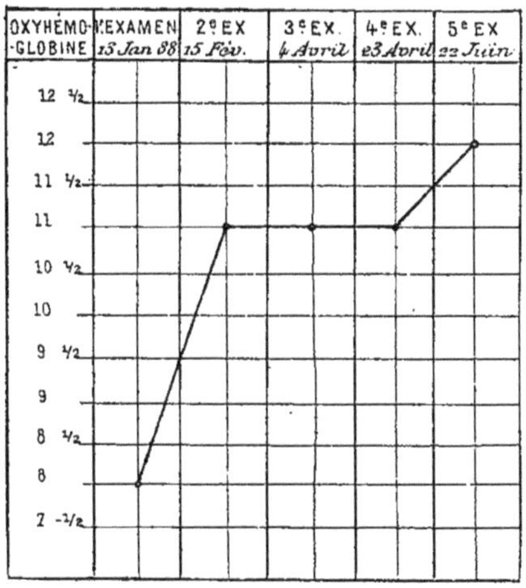

Madame Desh..., 26 ans. . . . . *tuberculeuse*..

Début du traitement 13 janvier 1888.

1er Examen	13 janvier	88 = 8 p. 100	43k,500
2e Ex.......	15 février	88 = 11 p. 100	44k,500
3e Ex.......	4 avril	88 = 11 p. 100	45k,800
4e Ex.......	23 avril	88 = 11 p. 100	
5e Ex.......	22 juin	88 = 12 p. 100	45k. (vêtements d'été).

Observation XV.

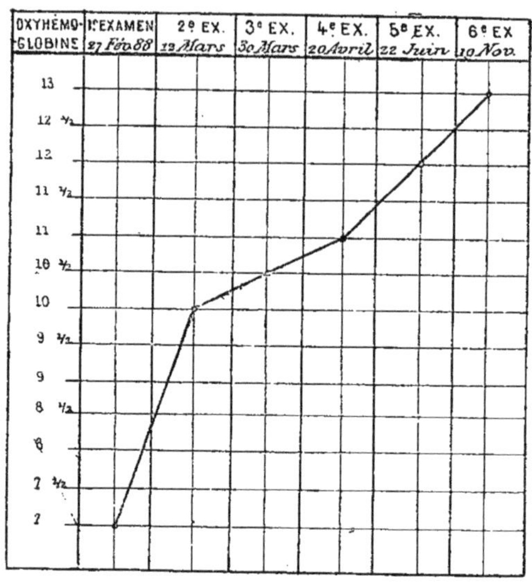

Mademoiselle Kast..., 16 ans 1/2. . . . . . . *tuberculeuse.*

Début du traitement 27 février 1888.

1er Examen	27 février	88 =	7 p. 100	53k.
2e Ex.......	12 mars	88 =	10 p. 100	56k.
3e Ex.......	30 mars	88 =	10 1/2 p. 100	56k,600
4e Ex.......	20 avril	88 =	11 p. 100	
5e Ex.......	22 juin	88 =	12 p. 100	59k. (vêtements d'été)
6e Ex.......	15 octobre	88 =	12 p. 100	61k,500
7e Ex.......	19 novembre	88 =	13 p. 100	

Observation XVI.

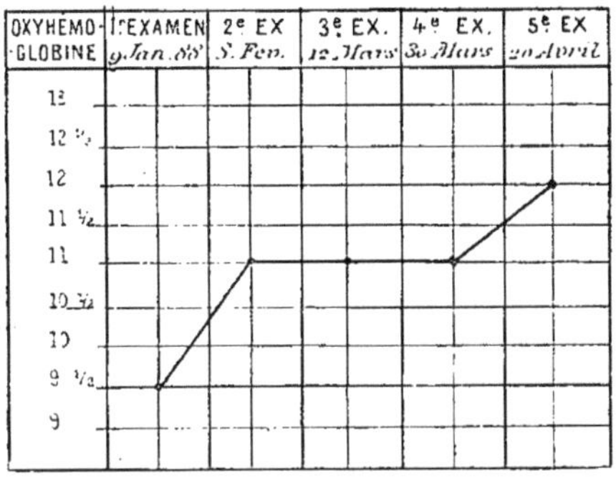

OXYHEMO-GLOBINE	1er EXAMEN *9 Jan. 88*	2e EX *8 Fev.*	3e EX. *12 Mars*	4e EX. *30 Mars*	5e EX *20 Avril*
13					
12 1/2					
12					
11 1/2					
11					
10 1/2					
10					
9 1/2					
9					

M. Kunt..., 47 ans. . . . . *tuberculeux.*

Début du traitement 9 janvier 1888.

1er Examen	9 janvier	88 = 9 1/2 p. 100		57k,500
2e Ex.......	8 février	88 = 11 p. 100		60k,500
3e Ex.......	12 mars	88 = 11 p. 100		61k,500
4e Ex.......	30 mars	88 = 11 p. 100		61k,500
5e Ex.......	20 avril	88 = 12 p. 100		

Observation XVII.

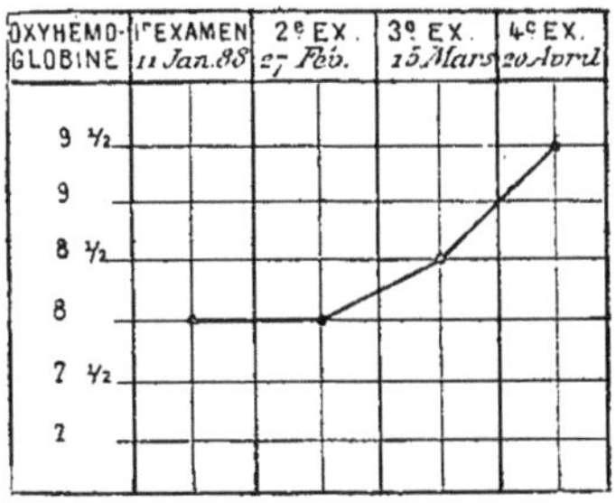

OXYHEMO-GLOBINE	1er EXAMEN *11 Jan. 88*	2e EX. *27 Fev.*	3e EX. *15 Mars*	4e EX. *20 Avril*
9 1/2				
9				
8 1/2				
8				
7 1/2				
7				

Madame Lef..., 30 ans. . . . . *tuberculeuse.*

Début du traitement 11 janvier 1888.

1er Examen	11 janvier	88 = 8 p. 100	62k,500
2e Ex.......	27 février	88 = 8 p. 100	
3e Ex.......	15 mars	88 = 8 1/2 p. 100	64k.
4e Ex.......	20 avril	88 = 9 1/2 p. 100	

Observation XVIII.

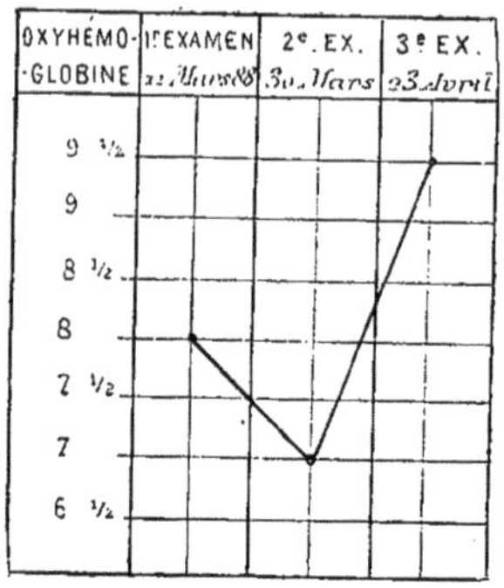

M. Corn..., 23 ans. . . . . *albuminurie, éclampsie.*

Début du traitement 12 mars 1888.

1er Examen 12 mars	88 =	8 p. 100	50k,100
2e Ex....... 30 mars	88 =	7 p. 100	
3e Ex....... 23 avril	88 =	9 1/2 p. 100	52k.

Observation XIX.

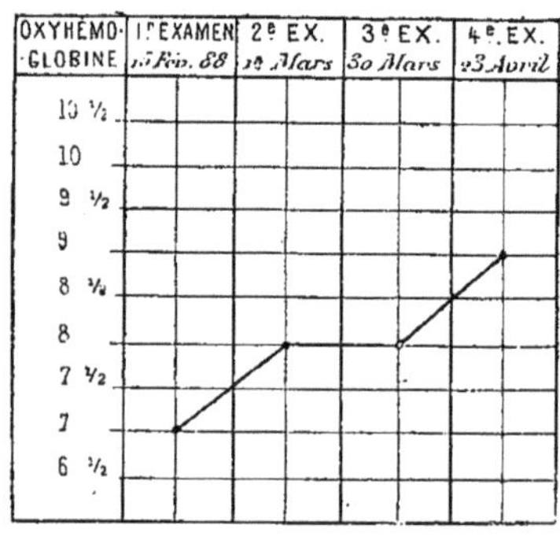

M. Men..., 34 ans . . . . *tuberculeux alcoolique.*

Début du traitement 15 février 1888.

1er Examen 15 février	88 =	7 p. 100	57k,500
2e Ex....... 12 mars	88 =	8 p. 100	58k.
3e Ex....... 30 mars	88 =	8 p. 100	
4e Ex....... 23 avril	88 =	9 p. 100	

Observation XX.

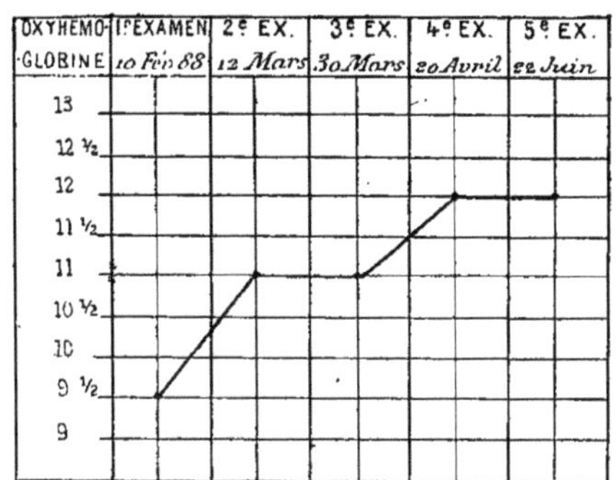

Mademoiselle Lard..., 24 ans. . . . . *tuberculeuse.*

Début du traitement 10 février 1888.

1er Examen 10 février 88 = 9 1/2 p. 100 58^k.

2e Ex....... 12 mars 88 = 11 p. 100 57^k.

3e Ex....... 30 mars 88 = 11 p. 100

4e Ex....... 20 avril 88 = 12 p. 100 { 56^k,500 (vêtements d'été)

5e Ex....... 22 juin 88 = 12 p. 100

Observation XXI.

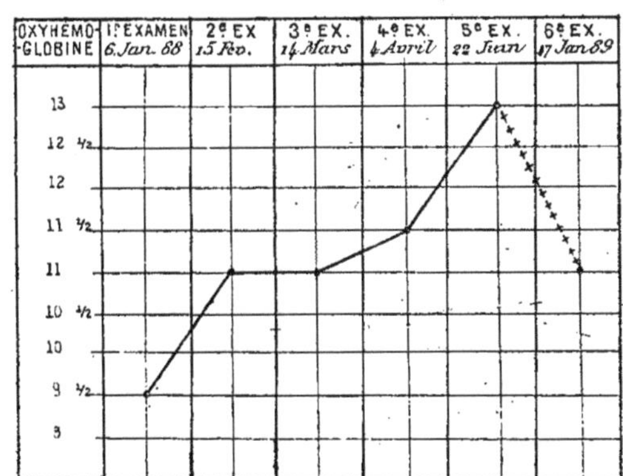

Mademoiselle Aux..., 27 ans. . . . . *tuberculeuse.*

Début du traitement 6 janvier 1888.

1er Examen 6 janvier 88 = 9 1/2 p. 100 52^k,500

2e Ex....... 15 février 88 = 11 p. 100

3e Ex....... 14 mars 88 = 11 p. 100 52k,500
4e Ex....... 4 avril 88 = 11 1/2 p. 100

5e Ex....... 22 juin 88 = 13 p. 100
6e Ex....... 17 janvier 89 = 11 p. 100

57k. la malade avait cessé le traitement depuis le mois de juin 1888.

Observation XXII.

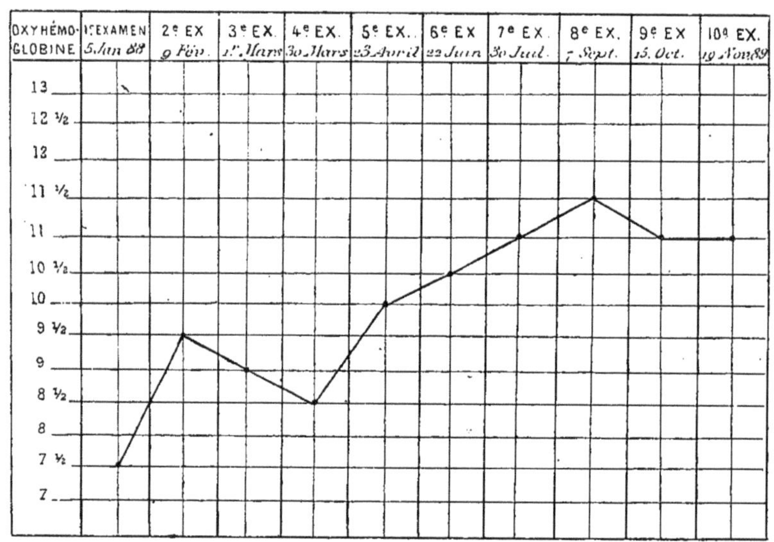

Madame Dub..., 40 ans. . . . . *tuberculeuse.*
Début du traitement 5 janvier 1888.

1er Examen 5 janvier 88 = 7 1/2 p. 100 48k.
2e Ex....... 9 février 88 = 9 1/2 p. 100 47k,500
3e Ex....... 1er mars 88 = 9 p. 100
4e Ex....... 30 mars 88 = 8 1/2 p. 100 46k,100
5e Ex....... 23 avril 88 = 10 p. 100
6e Ex....... 22 juin 88 = 10 1/2 p. 100
7e Ex....... 30 juillet 88 = 11 p. 100
8e Ex....... 7 septembre 88 = 11 1/2 p. 100
9e Ex....... 15 octobre 88 = 11 p. 100
10e Ex....... 19 novembre 88 = 11 p. 100
11e Ex....... 18 décembre 88 = 10 p. 100 48k,500

Observation XXIII.

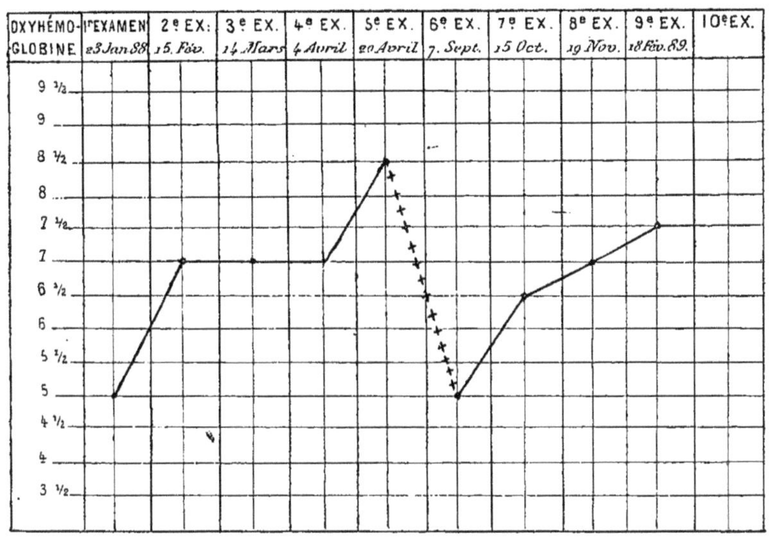

Mademoiselle Gourd..., 17 ans. . . . . . *chloro-anémique.*

Début du traitement 23 janvier 1888.

1er Examen 23 janvier 88 = 5 p. 100 55k.

2e Ex....... 15 février 88 = 7 p. 100

3e Ex....... 14 mars 88 = 7 p. 100 55k,800

4e Ex....... 4 avril 88 = 7 p. 100

5e Ex....... 20 avril 88 = 8 1/2 p. 100 { a cessé le traitement jusqu'au mois de septembre 88.

6e Ex....... 7 septembre 88 = 5 p. 100

7e Ex....... 15 octobre 88 = 6 1/2 p. 100

8e Ex....... 19 novembre 88 = 7 p. 100

9e Ex....... 18 février 88 = 7 1/2 p. 100 55k.

Observation XXIV.

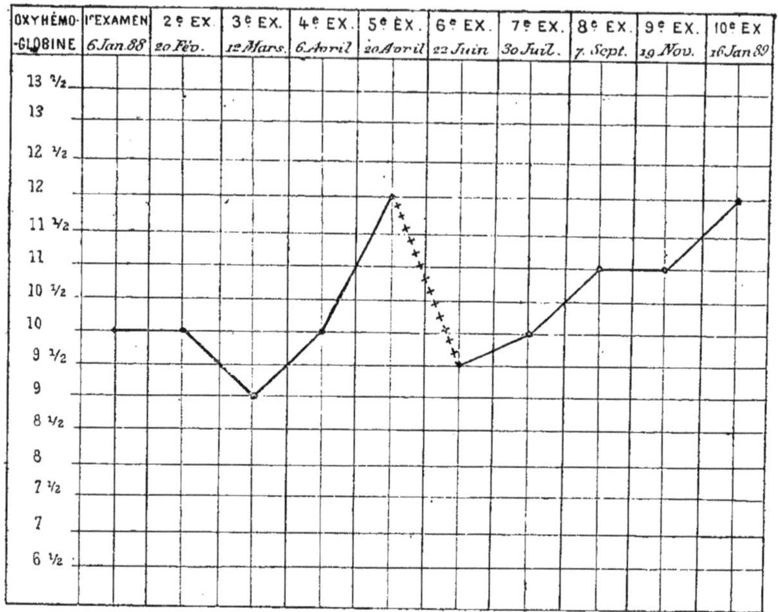

Madame Daruf..., 23 ans. . . . . *tuberculeuse.*

Début du traitement, 6 janvier 1888.

1er Examen 6 janvier 88 = 10 p. 100 55k.

2e Ex....... 20 février 88 = 10 p. 100 (début de grossesse)

3e Ex....... 12 mars 88 = 9 p. 100

4e Ex....... 6 avril 88 = 10 p. 100

5e Ex....... 20 avril 88 = 12 p. 100

6e Ex....... 22 juin 88 = 9 1/2 p. 100 (a suivi très irrégulièrement son traitement.)

7e Ex....... 30 juillet 88 = 10 p. 100

8e Ex....... 7 septembre 88 = 11 p. 100

9e Ex....... 19 novembre 88 = 11 p. 100

(8e–9e : a cessé de suivre son traitement et est accouchée d'un enfant bien à terme et bien constitué.)

10e Examen 18 décembre 88 = 11 p. 100
11e Ex....... 16 janvier 89 = 12 p. 100 59k,500
12e Ex....... 18 février 89 = 11 1/2 p. 100

Observation XXV.

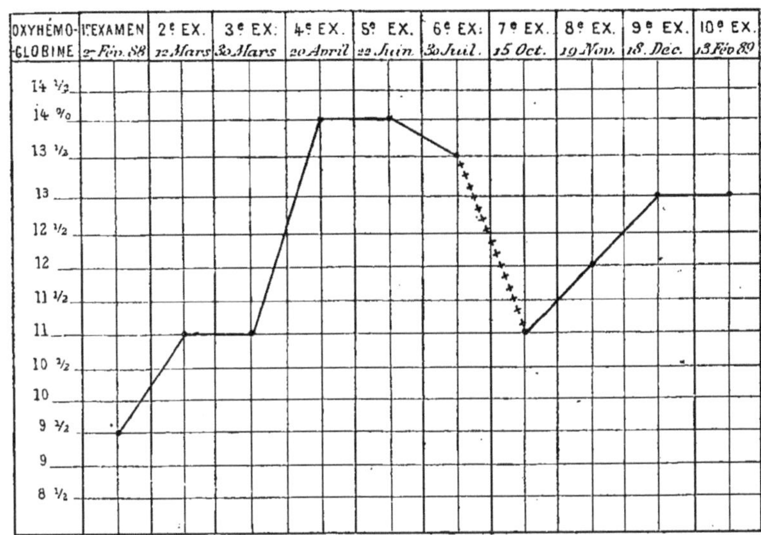

Madame Chaill..., 27 ans. . . . . *tuberculeuse.*

Début du traitement 27 février 1888.

1er Examen 27 février 88 = 9 1/2 p. 100 56k,500
2e Ex....... 12 mars 88 = 11 p. 100
3e Ex....... 30 mars 88 = 11 p. 100
4e Ex....... 20 avril 88 = 14 p. 100 { examen fait après l'inhalation, les autres étant habituellement faits avant.
5e Ex....... 22 juin 88 = 14 p. 100
6e Ex....... 30 juillet 88 = 13 1/2 p. 100 { a cessé le traitement jusqu'au mois d'octobre 88.

7ᵉ Examen 15 octobre	88 = 11 p. 100		
8ᵉ Ex....... 19 novembre	88 = 12 p. 100		
9ᵉ Ex....... 18 décembre	88 = 12 p. 100		
10ᵉ Ex....... 14 janvier	89 = 13 p. 100		
11ᵉ Ex....... 13 février	89 = 13 p. 100	57ᵏ,500	

Observation XXVI.

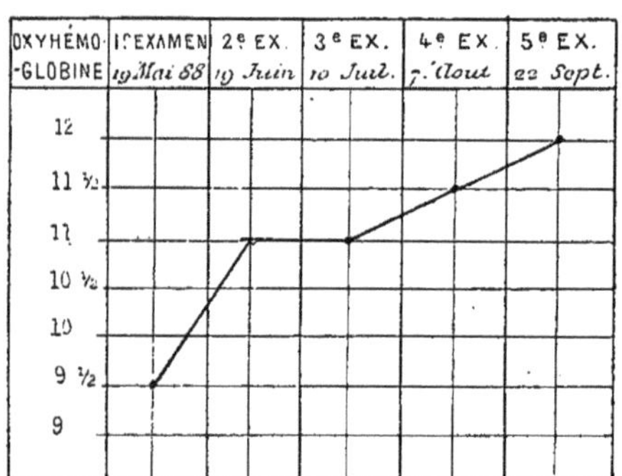

M. Th..., 23 ans. . . . . *tuberculeux syphilitique.*
Début du traitement 19 mai 1888.

1er Examen 19 mai	88 = 9 1/2 p. 100	68ᵏ.
2ᵉ Ex....... 19 juin	88 = 11 p. 100	71ᵏ.
3ᵉ Ex....... 10 juillet	88 = 11 p. 100	
4ᵉ Ex....... 7 août	88 = 11 1/2 p. 100	
5ᵉ Ex....... 22 septembre	88 = 12 p. 100	75ᵏ. ce malade n'a suivi que très irrégulièrement son traitement.

Observation XXVII.

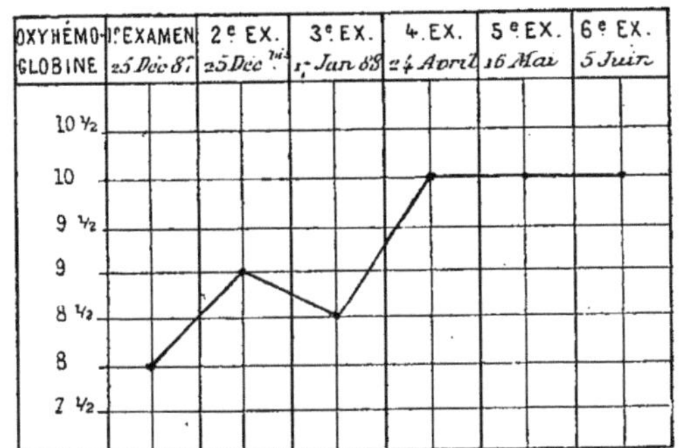

Mademoiselle Cois..., 18 ans. . . . . *tuberculeuse.*

Début du traitement 25 décembre 1887.

1er Examen 25 décembre 87 = 8 p. 100
2e Ex....... 25 décembre 87 = 9 p. 100
3e Ex....... 17 janvier 88 = 8 1/2 p. 100
4e Ex....... 24 avril 88 = 10 p. 100
5e Ex... ... 16 mai 88 = 10 p. 100
6e Ex....... 5 juin 88 = 10 p. 100

Observation XXVIII.

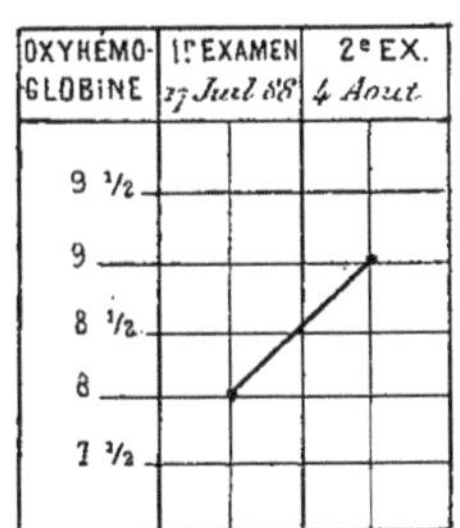

M. X..., 45 ans. . . . . *tuberculeux.*

Début du traitement 17 juillet 1888.

1er Examen 17 juillet 88 = 8 p. 100
2e Ex....... 4 août 88 = 9 p. 100

Observation XXIX.

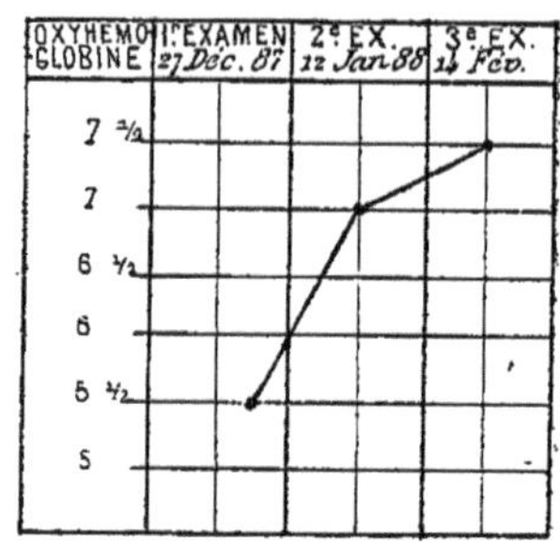

Mademoiselle Pr..., 19 ans. . . . . *chloro-anémique.*

Début du traitement 27 décembre 1887.

1er Examen 27 décembre 87 = 5 1/2 p. 100

2e Ex....... 22 janvier 88 = 7 p. 100

3e Ex..... 14 février 88 = 7 1/2 p. 100

Observation XXX.

OXYHEMOGLOBINE | 1er EXAMEN 24 Jan 88 | 2e EX. 16 Fév. | 3e EX. 3 Mars

11 1/2
11
10 1/2
10
9 1/2
9
8 1/2

Mademoiselle Pr..., 13 ans. . . . . *anémique.*

Début du traitement 24 janvier 1888.

1er Examen 24 janvier 88 = 8 1/2 p. 100

2e Ex....... 16 février 88 = 11 p. 100

3e Ex....... 3 mars 88 = 11 1/2 p. 100

Observation XXXI.

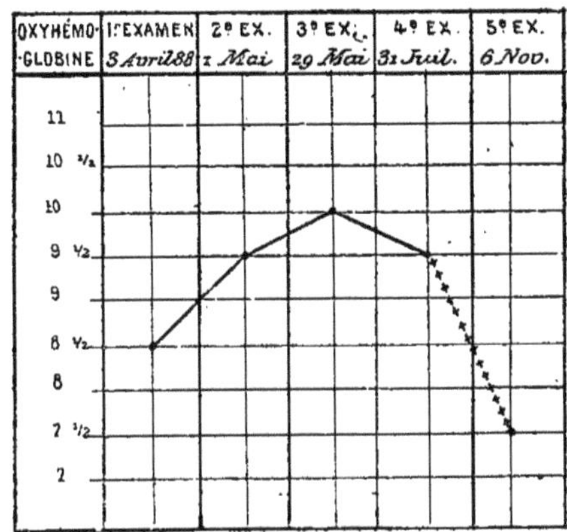

Mademoiselle Mor..., 23 ans. . . . . *tuberculeuse.*

Début du traitement 3 avril 1888.

1er Examen 3 avril	88 = 8 1/2 p. 100	75k.
2e Ex....... 1er mai	88 = 9 1/2 p. 100	
3e Ex....... 29 mai	88 = 10 p. 100	60k.
4e Ex....... 31 juillet	88 = 9 1/2 p. 100	

5e Ex....... 6 novembre 88 aggravation considérable du processus tuberculeux. — cesse le traitement et revient au mois de novembre 1888.

Observation XXXII.

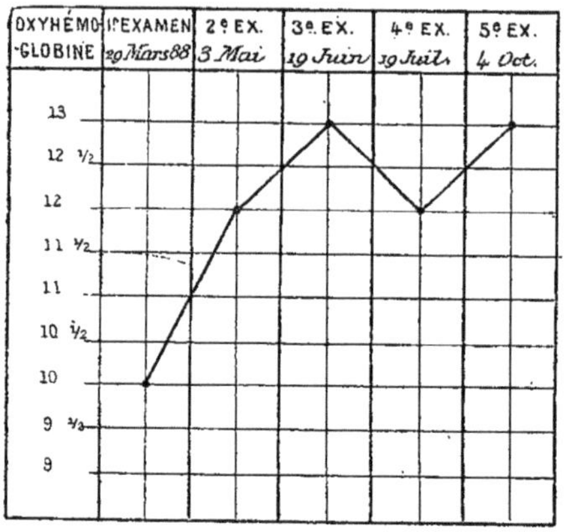

OXYHÉMO-GLOBINE	1er EXAMEN 29 Mars 88	2e EX. 3 Mai	3e EX. 19 Juin	4e EX. 19 Juil.	5e EX. 4 Oct.

13
12 ½
12
11 ½
11
10 ½
10
9 ½
9

M. Per..., 27 ans. . . . . *tuberculeux.*

Début du traitement 29 mars 1888.

1er Examen	29 mars	88 = 10 p. 100	64^{k}
2e Ex.......	3 mai	88 = 12 p. 100	
3e Ex.......	19 juin	88 = 13 p. 100	65^{k}.
4e Ex.......	19 juillet	88 = 12 p. 100	65^{k},500
5e Ex.......	4 octobre	88 = 13 p. 100	67^{k},500

FIN.

3401-89. — CORBEIL. Imprimerie CRÉTÉ.

www.ingramcontent.com/pod-product-compliance
Ingram Content Group UK Ltd.
Pitfield, Milton Keynes, MK11 3LW, UK
UKHW021519260726
13993UKWH00004B/1772

9 782019 925055